Bibliografische Information der Deutschen Nationalbibliothek:

Die Deutsche Bibliothek verzeichnet diese Publikation in der Deutschen Nationalbibliografie; detaillierte bibliografische Daten sind im Internet über http://dnb.d-nb.de/ abrufbar.

Impressum:

Druck und Bindung: Books on Demand GmbH, Norderstedt Germany
ISBN: 9783668727250

Dieses Buch bei GRIN:

https://www.grin.com/document/428689

Franz Josef Maislinger

Leichtbaupotenziale unter Verwendung hochfester metallischer Werkstoffe für Automobil- und Luftfahrtanwendungen

GRIN Verlag

BACHELORSTUDIENGANG

Mechatronik/Wirtschaft

„Leichtbaupotenziale unter Verwendung hochfester metallischer Werkstoffe für Automobil- und Luftfahrtanwendungen“

ALS BACHELORARBEIT EINGEREICHT

zur Erlangung des akademischen Grades

Bachelor of Science in Engineering (BSc)

von

Franz Josef Maislinger

April 2018

KURZFASSUNG

Das massive Transportwachstum und damit die durch Treibhausgase verursachte steigende Erderwärmung führt in der Transportindustrie zu einer wachsenden Nachfrage nach verbesserter Kraftstoffeffizienz und reduzierten Emissionen, wodurch bereits zu Beginn der Entstehungs-Kette eines Fahrzeuges die Materialauswahl zu einem Schlüsselelement im Fahrzeugdesign mutiert. Der Wettbewerb der OEMs und die Regierungsforderungen nach sichereren, leichteren und kraftstoffsparenden Transportmitteln führte zuletzt zum Markteintritt neuer hochfester Stähle und Aluminiumlegierungen. Diese Arbeit widmet sich insbesondere dem Vergleich von Aluminium, konventionellen und neuen Stählen, um deren massenreduzierende Wirkung gegenüberzustellen. Für einen neutralen Vergleich des Massenreduzierungspotentials müsste auch die Leistungsfähigkeit der Körperstrukturen und Komponenten überprüft werden. Im Rahmen dieser Arbeit können jedoch nur grundlegende Referenzpunkte identifiziert sowie Eigenschaften und grundlegendes Strukturverhalten verschiedenster Materialien beschrieben werden. Das Hauptziel ist, die Gewichtsunterschiede zwischen Stahl und Aluminium zu visualisieren und einige Aspekte für Leichtkonstruktionen wie beispielsweise das Potenzial zur Massereduzierung oder die Leistungsfähigkeit, zu untersuchen. Auch können aufgrund der enormen Vielzahl unterschiedlicher Stahl- und Aluminiumlegierungen im Leichtbau nur einige wenige spezielle davon, jeweils mit Fokus auf hochfeste Legierungen beider Materialien, ausgewählt und verglichen werden. Der wissenschaftliche Aspekt dieser Arbeit findet sich in der Berechnung und Bewertung von Formeln zur Beschreibung der Materialeigenschaften hinsichtlich Vergleich der metallischen Werkstoffe unter der Verwendung folgender Methoden: Zugversuche sowie Bewertung mechanischer Eigenschaften. Wesentliche Berechnungen zur Erklärung von Unterschieden im Stahl- und Aluminiumdesign finden sich in einer Übersicht. Material- und Steifigkeitseigenschaften sowie wichtige Begriffe sind gleichfalls angeführt. Die physikalischen Eigenschaften Biegesteifigkeit, Zugfestigkeit, Torsionssteifigkeit und der 3-Punkt-Biegeparamter bilden die Basis für den Vergleich der Eigenschaften und ermöglichen den Vergleich unterschiedlicher Sorten von Leichtstählen und Aluminiumlegierungen im Leichtbau. Man gewinnt die Erkenntnis, dass einige Stahlsorten ein hohes Leichtbaupotenzial aufweisen und somit Aluminium in diesem Zusammenhang nicht zwingend die beste Wahl ist.

ABSTRACT

Massive growth of vehicle in the transportation sector causes a significant increase of greenhouse gas emissions, as well as global warming. Consequently, increased demand for improved fuel economy, increased passive passenger safety during crash events, and reduction of emissions is required. To reply to this challenge, the choice of material has become a key element in vehicle design. The competition of OEMs and governmental demands for safer, lighter and more fuel-economic vehicles lately led to the market entry of new high-strength steels and aluminum alloys. This manuscript aims to study lightweight potential and mass reduction impact of modern high-strength steels and aluminum alloys for aerospace and ground transportation applications. The main target of this study is, to visualize the weight differences between steel and aluminum and to study some aspects for light-constructions, such as mass reduction potential and performance. The scientific aspect of this thesis is especially focused on calculation and evaluation of formulas for the description of materials performance concerning the comparison of metallic material in use of the following methods: tensile tests and evaluation of mechanical properties. For a neutral comparison of the mass reduction potential the performance of the body structures and components would also have to be investigated. However, within the scope of this work only basic reference points as well as properties and basic structural behavior of different materials is shown. Steel grades, such as DP, TRIP and MS steels, were studied and 2000, 6000 and 7000 aluminium alloys were taken for comparison. The physical properties bending stiffness, tensile strength, torsion stiffness and the 3-point bending parameter form the base for the comparison between various grades of lightweight steels and aluminum alloys. This work showed important differences between aluminium and high-strength steels, considering the type of applications. All aluminium alloys and high-strength steels offer excellent lightweight potential. It showed the potential of high strength steels, due to very high tensile strength, for safety components and structural components. Excellent mass reduction is showed to be possible using aluminium for automotive components such as outer panels.

INHALTSVERZEICHNIS

1 EINLEITUNG

Aufgrund des starken Transportwachstums und der steigenden Nachfrage die Treibhausgase zu reduzieren, ist die Wahl der Materialien ein entscheidender Schlüssel beim Fahrzeugdesign bzw. bei der Fahrzeugherstellung geworden. Ohne „Leichtbau“ – einem der großen Schlagworte der modernen industriellen Fertigung – würden die Fahrzeuge und Transportmittel wie wir sie heute kennen grundlegend anders aussehen. Leichtbauweise ist ein Konstruktionskonzept, das maximale Gewichtseinsparung zum Ziel hat. Die Gründe für Leichtbau können verschiedener Natur sein. Ein Hauptargument für Leichtbau ist die Einsparung von Rohstoffen sowohl bei der Herstellung des Produkts als auch bei dessen Nutzung. Bei Fahr- und Flugzeugen ist bei konsequentem Leichtbau eine geringere Antriebsleistung für die gleichen Fahr- bzw. Flugeigenschaften notwendig. Des Weiteren sinkt der Kraftstoffverbrauch und das Gewichtsverhältnis von Transportmittel zu Fracht verbessert sich. Der gesamte Bereich der Luft- und Raumfahrt wäre ohne Leichtbau generell schwer zu realisieren. Schätzungen nach werden an heutigen Automobilen durch Leichtbau Gewichtsreduktionen von bis zu 500 kg erreicht (Grundlage hierfür ist der Vergleich zwischen einem angenommenen Automobil mit der gegenwärtigen Sicherheitstechnik, jedoch den vor 20 Jahren verwendeten Werkstoffen). Fahrzeuggewichtsreduktionen um 100 kg erbringen Verbrauchverminderungen des Kraftstoffs von 0,3 bis 0,5 L/100 km [1] oder anders ausgedrückt führt eine 10%-ige Gewichtsreduktion zu einem Minderverbrauch von 5,5% Kraftstoff [2]. Anhand von Abbildung 1 ist zu erkennen, wie sich die CO_2 Emissionen in der Vergangenheit stätig reduziert haben, wobei hierfür der Leichtbau ein ausschlaggebender Faktor für diese Reduktion war. Bis zum Jahr 2021 soll ein durchschnittlicher CO^2-Emmisionswert von 105 g/km erreicht werden.

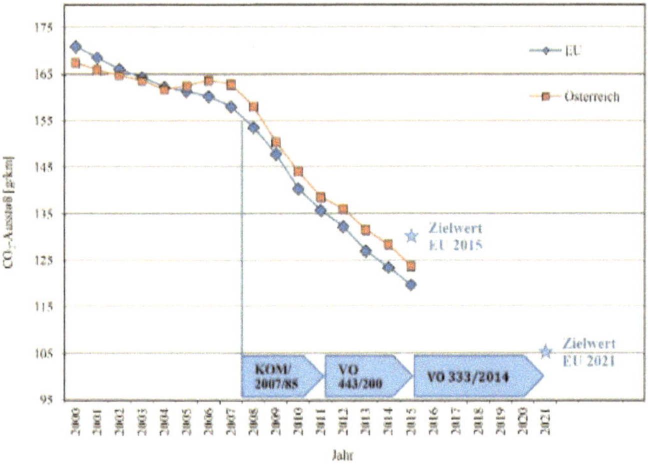

Abbildung 1: Durchschnittliche CO_2-Emissionen der gesamten PKW – Neuzulassungen [20]

Nach Haug/Füller [3] lassen sich drei wesentliche Werkstofftrends in der Automobilproduktion erkennen: In der Außenhaut wird immer mehr Stahl durch Aluminium und Kunststoffe ersetzt. Für die Struktur werden immer mehr festigkeits- oder dehnungsoptimierte Stähle eingesetzt (s. Abb. 2). Bei Fahrwerkskomponenten stehen Stahl und Aluminium in gleichem Maße in Konkurrenz wie unterschiedliche Ur- und Umformverfahren. Daraus ergibt sich unweigerlich, dass der moderne Leichtbau ohne einen Multi-Material-Mix undenkbar ist, was natürlich aufgrund unterschiedlicher Werkstoffeigenschaften neue Probleme mit sich bringt.

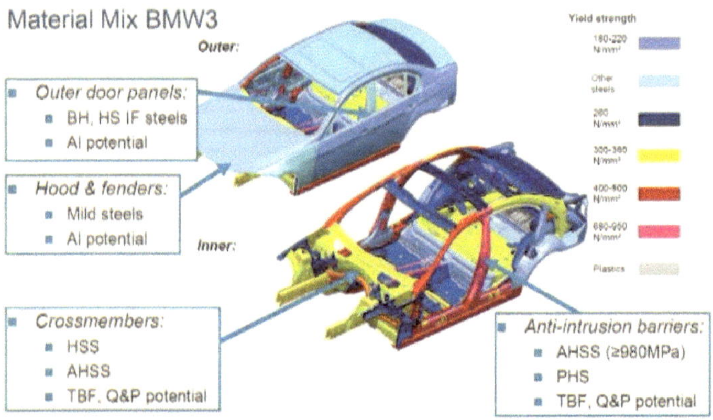

Abbildung 2: Material Mix – Automobil [22]

Einen Durchbruch in der Aluminiumanwendung stellte der Audi-Space-Frame im A8 1993 dar, bei dem es sich um einen überwiegend aus Strangpressprofilen bestehenden Rahmen handelt, der über Gussknoten verbunden und schließlich mit Aluminiumblechen beplankt ist [4]. Möglich werden solche Innovationen durch neue Werkstoff- und Verarbeitungskonzepte wie beispielsweise das Innenhochdruckumformen [5].

Angepasste Konzepte der Wärmebehandlung der Aluminiumlegierungen haben eine deutlich verbesserte Maßgenauigkeit und geringeren Verzug zur Folge. Eine anschließende Wärmebehandlung der Bauteile sowie ein nachgeschaltetes Abschrecken ermöglichen es, gezielt auf die mechanischen Kenn- und Festigkeitswerte einzuwirken. Werkstofflicher Leichtbau mit Aluminium und Magnesium trägt bei modernen Automobilen dazu bei, Kraftstoffverbrauch und Emissionen zu senken. Gleichzeitig verbessert ein möglichst geringes Gewicht das Fahrverhalten und mithin den Fahrkomfort [6].

Betrachtet man beispielsweise die Entwicklung des Werkstoffeinsatzes im Automobilbereich, so ist eine starke Diversifizierung besonders in den letzten Jahren zu beobachten. Leichtmetalle spielen eine entscheidende Rolle. Neben unterschiedlich legierten Aluminiumwerkstoffen finden verstärkt auch Magnesiumwerkstoffe Einsatz. Leichtbau beschränkt sich jedoch nicht nur auf den Einsatz von Leichtmetallen, auch auf dem Sektor Gusseisen und Leichtbaustahl gibt es bedeutende Entwicklungstrends, die die Automobilherstellung revolutioniert haben.

Im Rahmen dieser Arbeit wird insbesondere der Einfluss der Massenreduzierung von Aluminium im Vergleich zu herkömmlichen und neuen Stählen untersucht. Hauptziel ist das Aufzeigen des Gewichtsunterschiedes zwischen Stahl und Aluminium und die Untersuchung verschiedener Aspekte (Massenreduzierungspotenzial, Leistungsfähigkeit) für Leichtbaukonstruktionen. Für die Bewertung/Berechnung des Leistungsvergleichs wesentlicher Eigenschaften werden die physikalischen Eigenschaften herangezogen. Der Vergleich verschiedener Leichtbau-Stähle und Aluminiumlegierungen, sowie ein Überblick über das Leichtbaupotenzial bei Verwendung von Leichtbaustählen oder Aluminiumlegierungen, stellt den Hauptteil dieser Arbeit dar.

2 THEORETISCHE GRUNDLAGEN

2.1 LEICHTBAUWERKSTOFFE

Die im Transportwesen hauptsächlich eingesetzten Werkstoffe sind Metalle und Kunststoffe. Die große Vielzahl an technischen Kunststoffen spielt für Strukturbauteile im Leichtbau nur eine untergeordnete Rolle und werden in dieser Arbeit nicht näher betrachtet. Die Metalle gliedern sich in Nichteisenmetalle (Aluminium, Magnesium, Titan, ...) und Eisenmetalle (Stahl, Gusseisen) auf. Hervorzuheben sind hierbei Stahl und Aluminium, die im Bereich der Metalle den größten Anteil im Leichtbau einnehmen und auch in diesem Zusammenhang in dieser Arbeit untersucht werden. In Abbildung 3 ist eine Übersicht über den Einsatz der verschiedenen Werkstoffe im Leichtbau dargestellt.

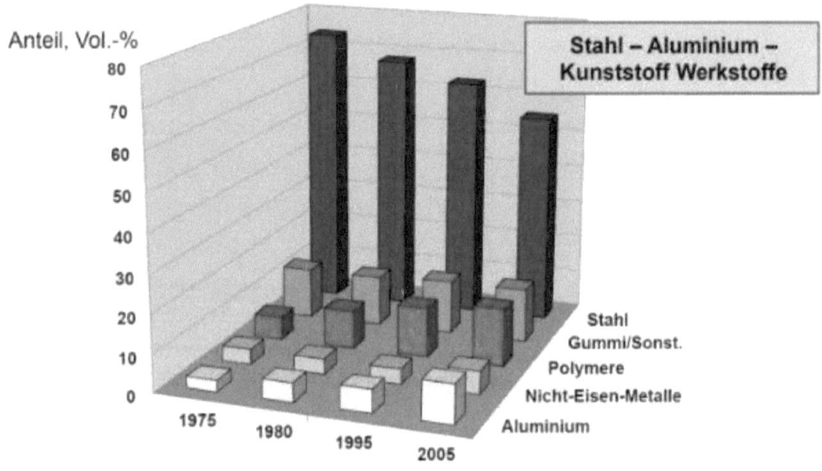

Abbildung 3: Werkstoffeinsatz im Leichtbau [23]

2.2 ALUMINIUM

Aluminium ist mit ca. 8 % nach Sauerstoff (ca. 46 %) und Silizium (ca. 27 %) das in der Erdkruste am häufigsten vorhandene Element. Aufgrund seiner starken Reaktivität mit Nichtmetallen kommt Aluminium in der Natur nur in Verbindungen vor. Seit Anfang der industriellen Produktion ist der Werkstoff Aluminium nach Stahl zum wichtigsten Gebrauchsmetall geworden. Das ehemalige Haupteinsatzgebiet im Bereich der militärischen und zivilen Luftfahrt hat sich heute zum Bereich der zivilen Konsumgüterindustrie, die 99 % der gesamten Aluminiumproduktion umfasst, verschoben. Die Aluminiumproduktion ist in den letzten Jahren rapide gestiegen. Während um 1900 etwa 5700 Tonnen Aluminium pro Jahr produziert wurden, stieg die Jahresproduktion auf 1,5 Mio. Tonnen im Jahre 1950 und auf 25 Mio. Tonnen im Jahre 1998 (s. Abb. 4). Die Steigerung der Nachfrage, um etwa 113% in den Jahren zwischen 1991 und 2000, nach dem Werkstoff Aluminium ist in seinen Gebrauchs- und Verarbeitungseigenschaften begründet.

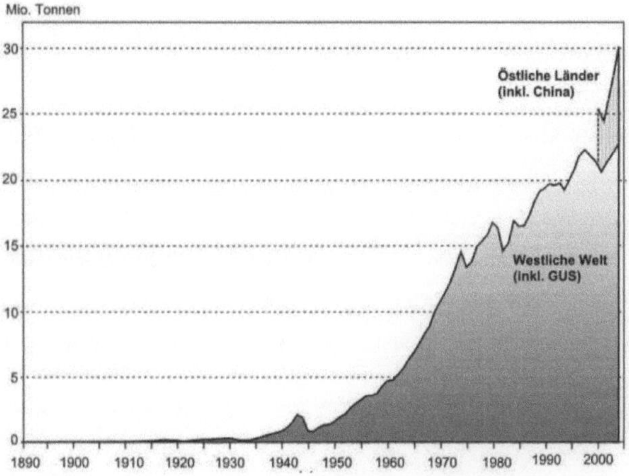

Abbildung 4: Jährliche Produktion von Aluminium [8]

Hierzu sind neben der geringeren spezifischen Dichte, die weitgehende Witterungsbeständigkeit, die Formgebungsmöglichkeit, das große Festigkeitsspektrum und die hohe Wärmeleitfähigkeit zu nennen [7, 8, 9]. Reinaluminium mit einem Aluminiumgehalt von 99,9 % wird in Bereichen mit dem Hauptaugenmerk auf die physikalischen und chemischen Eigenschaften (wie z.B. Wärmetauscher, elektrische Leiter etc.) des Werkstoffes angewandt. Die mechanischen Eigenschaften des Reinaluminiums, insbesondere seine Festigkeit, sind für den konstruktiven Leichtbau unzureichend. Daher wird die Festigkeit durch Legieren und Kaltverfestigung erhöht. So kann die Festigkeit je nach Legierung und Verfestigung zwischen 70 und 700 MPa variieren [10]. Aluminiumwerkstoffe spielen in der modernen Fahrzeugentwicklung, insbesondere für den Leichtbau, eine entscheidende Rolle. Leuchtendes Beispiel dafür ist der Audi A8 mit seiner Space-Frame-Konstruktion, die einen Verbund aus

Strangpressprofilen, Blechschalen und Druckgussteilen darstellt und auf diese Weise 40% leichter als die herkömmliche Stahlkarosserie ist [11]. Es kommen immer wieder neue Technologien zum Einsatz. Beispiele hierfür sind unter anderem die pulvermetallurgische Verarbeitung von Aluminiumlegierungen der Serien 2xxx, 6xxx, und 7xxx, also aller aushärtbaren Aluminium-Legierungen. Dies eröffnet neue Einsatzfelder (z.B.: Nockenwellen-Lagerdeckel oder Kettenräder) [12]. Die wesentlichen Vorteile einer sintermetallurgischen Herstellung sind unter anderem die gute Maßhaltigkeit, sowie die endkonturgenaue Fertigung von Massenbauteilen. Dadurch kann eine weitere Nachbearbeitung entfallen.

2.2.1 Legierungskonzepte von Aluminium

Durch das hinzu legieren von Metallen wie z.B. Mangan, Magnesium, Kupfer, Silizium und Zink entstehen Aluminiumlegierungen mit unterschiedlichen Eigenschaften. Die Eigenschaften werden dabei durch die Zugabe der Legierungselemente in unterschiedlichen Mengenanteilen und Kombinationen erreicht. Unterschieden wird ob die Festigkeitssteigerung durch eine Mischkristallverfestigung oder durch Aushärtungsbehandlung erreicht wird. So unterteilen sich die Aluminiumlegierungen in naturharte (3xxx, 4xxx, 5xxx) und aushärtbare (2xxx, 6xxx, 7xxx) Legierungen. Eine Übersicht mit den jeweiligen Hauptlegierungsbestandteilen ist in Abbildung 5 gegeben.

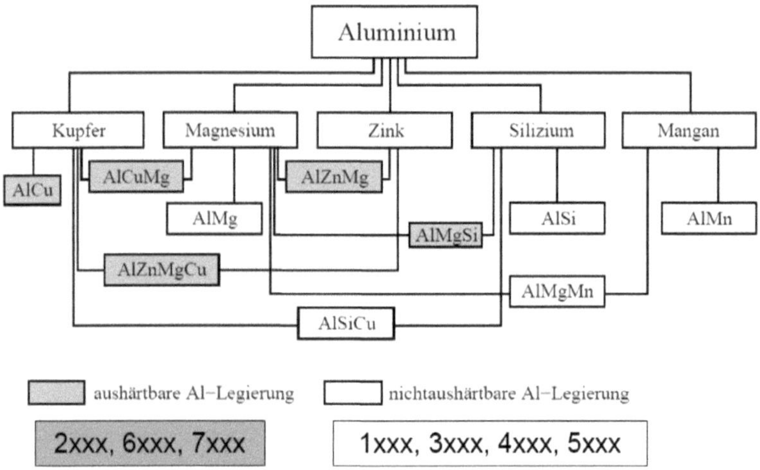

Abbildung 5: Legierungskonzepte - Aluminium

Im Rahmen dieser Arbeit werden sowohl naturharte als auch aushärtbare Legierungen eingesetzt. Die nachfolgende Beschreibung der Legierungssysteme beschränkt sich auf diese zwei Legierungsgruppen. Die Besonderheiten weiterer Legierungen sowie die weitere Unterteilung in Knet- und Gusswerkstoffe, sind in der Literatur ausführlich beschrieben [8, 13, 14].

Legierungselemente (Fremdatome) können bis zu einer bestimmten Löslichkeitsgrenze in der Aluminiummatrix gelöst werden. Aufgrund der unterschiedlichen Atomdurchmesser der Legierungsatome und der Aluminiumatome wird das Kristallgitter des reinen Aluminiums verzerrt [9]. Dies bewirkt, dass die Bewegung von Versetzungen durch den Kristall erschwert wird und so plastische Verformungen erst bei höheren Belastungen stattfinden können. Abhängig ist die Festigkeitssteigerung (Mischkristallverfestigung) dabei vom Unterschied zwischen dem Durchmesser der Aluminiumatome zum Durchmesser der Fremdatome.

Bei den naturharten Aluminiumlegierungen erfolgt die Festigkeitssteigerung durch Kaltverfestigung / Verformung (wie z.B. dem Kaltwalzen, Recken, Ziehen, etc.). Durch die plastische Verformung entstehen Versetzungen im Kristall. Mit zunehmendem Verformungsgrad erhöht sich die Anzahl und Dichte der Versetzungen im Kristallgitter. Die gegenseitige Behinderung der Versetzungen führt zu einer Steigerung des Widerstandes gegen plastische Verformung und so zu einer Steigerung der Festigkeit [14].

Mit zunehmendem Kaltwalzgrad steigen die 0,2 %-Dehngrenze und die Zugfestigkeit bei gleichzeitigem Abfall der Bruchdehnung. Je nach erreichtem Verfestigungsgrad wird der Werkstoffzustand als ¼-hart (H12), ½-hart (H14), ¾-hart (H16), hart (H18) und extrahart (H19) gekennzeichnet. Kaltverfestigte bzw. naturharte Legierungen werden mit dem Buchstaben H bezeichnet. Die erste Ziffer nach dem H bezeichnet die Wärmebehandlung und die zweite Ziffer nach dem H gibt den Grad der Verfestigung (¼-hart, ½-hart, etc.) wieder. Die Wärmebehandlung dient der Entfestigung des kaltverfestigten Werkstoffes mit dem Ziel die Festigkeit auf ein bestimmtes Maß zu reduzieren, gleichzeitig wird die Kaltumformbarkeit bzw. die Bruchdehnung erhöht [13]. Der Werkstoff wird auf einen Zustand kaltverfestigt, der deutlich über ¼-hart liegt. Durch die anschließende Wärmebehandlung (Entfestigungsglühung) bei Temperaturen zwischen 150-250 °C wird der Werkstoff auf dem Zustand ¼-hart rückgeglüht. Bei der Entfestigungsglühung erfolgt eine Umordnung (Polygonisation) der Gitterfehlstellen (Versetzungen, Leerstellen), die Korngröße und Kornform bleiben jedoch unverändert [8, 9, 13, 14].

Bei den aushärtbaren Legierungen führt die gezielte Wärmebehandlung zu einer Steigerung der 0,2 %-Dehngrenze und der Zugfestigkeit durch Ausscheidungshärtung. Grundsätzlich kann eine Aushärtung nur stattfinden, wenn Legierungsbestandteile bei höheren Temperaturen in größeren Mengen im Aluminiummischkristall löslich sind als bei tieferen bzw. Raumtemperatur. Die Wärmebehandlung zur Erzielung der Ausscheidungshärtung umfasst drei Stufen. In Stufe 1 (Lösungsglühen) werden die Legierungselemente bei Temperaturen zwischen 470 bis 530 °C in Lösung gebracht. Dies bewirkt, dass die Legierungselemente sich gleichmäßig im Kristall verteilen und sich möglichst vollständig lösen. Im Anschluss an das Lösungsglühen erfolgt ein Abschreckvorgang (Stufe 2) und der erzeugte Gefügezustand in Stufe 1 wird eingefroren. Es entsteht somit ein stark übersättigter Mischkristall. Als Abschreckmedium wird Luft, Wasser oder Luft/Wasser verwendet, je nachdem wie Dick das Material ist bzw. wie schnell abgekühlt werden soll. Die gewünschte Steigerung der Festigkeit erfolgt durch die anschließende Auslagerung. Die Aluminiumlegierung wird entweder bei Temperaturen zwischen Raumtemperatur und 60°C (kaltauslagern) oder bei höheren Temperaturen (warmauslagern) ausgelagert. Bei der Warmauslagerung treten sehr feine, meist teilkohärente Ausscheidungen auf. Diese bewirken weitere Verspannungen des Mischkristallgitters und damit eine Behinderung der Versetzungsbewegungen mit dem Ergebnis weiterer Steigerung der Festigkeit. Bei der Kaltauslagerung werden homogene Ausscheidungen kohärenter Phasen (Guinier-Preston-Zonen, auch GP-Zonen genannt) erzielt. Die Fremdatome reichern sich in sehr kleinen rundlichen, nadelförmigen oder plättchenförmigen Zonen an. Die GP-Zonen verspannen das Aluminiumgitter und bilden gleichzeitig durch ihre große Anzahl ein dichtes Netz von Hindernissen für die Bewegung von Versetzungen während eines Verformungsvorganges. Die Festigkeitswerte nehmen somit zu und die Bruchdehnung nicht gleichzeitig etwa ab. Die Dauer dieses Prozesses (Kaltauslagerung) ist je nach Legierung unterschiedlich, jedoch meist nach einer bis mehrerer Wochen abgeschlossen [8, 9, 13 - 15].

2.2.2 Aluminium im Fahrzeugbau

Der Einsatz des Werkstoffes Aluminium hat im Fahrzeugbau, insbesondere im Automobil- und Luftfahrtbereich, in den letzten Jahren stark an Interesse gewonnen. Das Interesse für den Werkstoff Aluminium besteht aufgrund seiner besonderen Eigenschaften in Kombination mit dem deutlichen Gewichtsersparnis. Ein geringeres Gewicht bedeutet einen niedrigeren Treibstoffverbrauch und somit eine Reduzierung der Emissionen. Darüber hinaus werden durch den Einsatz von Aluminium verbesserte Eigenschaften im Bereich „Crash-test" und damit eine Erhöhung der Sicherheit, sowie ein verbessertes Beschleunigungs- und Bremsverhalten erzielt. Eine Aluminiumstruktur bietet die gleiche Energieabsorption und gleiches Crashverhalten wie Stahl bei einer gleichzeitigen Gewichtsreduzierung von 55 % gegenüber dem Werkstoff Stahl. Die Widerstandsfähigkeit von Aluminium gegenüber Korrosion und damit seine hervorragende Lebensdauer sowie die einfache Reparaturmöglichkeit sind weitere Argumente für den Erfolg des Werkstoffes im Automobil- und Luftfahrtsektor [12].

In der Automobilindustrie werden vorwiegend Legierungen aus den 5xxx (AlMg) und 6xxx (AlMgSi) Serien eingesetzt. Diese beiden Legierungsgruppen sind durch relativ gute Umformeigenschaften gekennzeichnet. Da ein Lösungsglühen der naturharten 5xxx Legierungen nicht erforderlich ist, besitzen diese einen Kostenvorteil gegenüber den aushärtbaren Legierungen der 6xxx Serie. In der Luftfahrtindustrie werden vorwiegend aushärtbare Legierungen eingesetzt, insbesondere aus den Serien 2xxx (AlCuMg) und 7xxx (AlZnMg). Diese zwei Legierungsgruppen sind durch sehr hohe Festigkeiten gekennzeichnet. Aufgrund des im Vergleich zu Stahl dreifach geringeren E-Moduls (E=70000 N/mm^2) verfügt der Werkstoff über eine geringere Steifigkeit, weshalb meist ein Ausgleich durch die Erhöhung der Blechdicke erfolgen muss. Die Rückfederung ist im Vergleich zum Stahl größer, was zu Abweichungen hinsichtlich der Soll- und Ist- Kontur nach der Umformung führt und muss bei der Werkzeugauslegung entsprechen berücksichtigt werden. Somit müssen bei der Anwendung des Werkstoffes Aluminium besonders im Bereich der Umformtechnik die Unterschiede zum Werkstoff Stahl berücksichtigt werden, hierzu zählen [8, 16]:

- geringere Ziehtiefen im Vergleich zum Stahl
- geringere Bruchdehnung im Vergleich zum Stahl bei nahezu ähnlich hohen Gleichmaßdehnungen
- mehr Ziehoperationen als bei Stahl erforderlich
- größere Ziehradien und damit weichere Konturgestaltung der Konstruktion
- höchste Oberflächengüte der Umformwerkzeuge
- größerer relativer Ziehspalt als bei Stahl
- geringerer Niederhalterdruck, gerade so viel, um die Faltenbildung im Flansch zu vermeiden
- Einprägungen und Sicken dem geringeren Formänderungsvermögen von Aluminium anpassen

Ein wirtschaftlicher bzw. wettbewerbsfähiger Leichtbau mit Aluminium erfordert daher die Beherrschung sowie auch die Berücksichtigung der aluminiumspezifischen Grundlagen. Im nachfolgenden Diagramm (Abb.6) ist die Dehnung über der Streckgrenze von Aluminium und Stahl grafisch dargestellt, um einen ungefähren Vergleich der beiden Materialien zu bekommen.

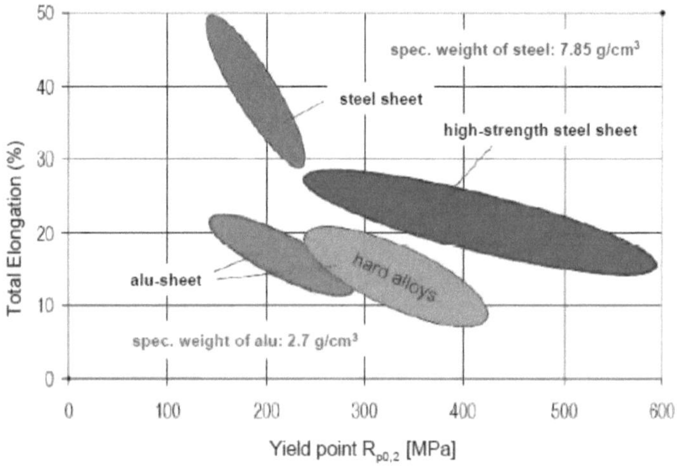

Abbildung 6: Dehnung über Streckgrenze - Stahl/ Aluminium [23]

2.3 LEICHTBAUSTAHL

Stahl hat einen sehr günstigen Kilopreis, sowie eine große Breite an verfügbaren Halbzeugen und Qualitäten. Ein besonderer Vorteil ist die große Vielfalt in den mechanischen und physikalischen Eigenschaften. Diese reichen von weichen über hochfeste bis hin zu korrosionsbeständigen Stählen. Als Nachteil gilt allgemein die hohe Dichte, welche für die Gestaltung von Konstruktionen oft ein Handicap darstellt. Wobei es auch hier Prinzipien gibt, die Konstruktionen leichter machen können [17]. Der Begriff Stahl bezeichnet Eisen-Kohlenstoff-Legierungen mit Kohlenstoffgehalten i.d.R. unter 2,06 %. Die von Stahl universellen Eigenschaften basieren auf dem chemischen Element Eisen und der fast unendlichen Zahl von Kombinationsmöglichkeiten mit anderen metallischen und nichtmetallischen chemischen Elementen. Die technisch und physikalisch machbaren bzw.

wirtschaftlich sinnvollen Mischungsverhältnisse der Legierungselemente können dabei Spannen zwischen wenigen ppm und über 30 Massenprozent der Fremdelementmenge umfassen. Die Spanne bei Kohlenstoff, dem wohl gemerkt wichtigsten Legierungselement bei Stahl, liegt die Spanne zwischen 0,001 und 2,06 %, für Sonderanwendungen bis 2,3 %. Zusätzlich zu der Veränderung der Eigenschaften durch Legieren, können die Eigenschaften von Stählen auch ähnlich wie bei Aluminium über eine gezielte Wärmebehandlung oder bestimmte Verfestigungsmechanismen (Mischkristallhärtung, Kornverfeinerung, Ausscheidungshärten, Kohlenstoff-Diffusion) geeignet verändert werden. Um die hohen Anforderungen (Leichtbau, Sicherheit, Umweltschutz) im Fahrzeugbau zu erfüllen, werden hierbei hauptsächlich höher- bis höchstfeste Stähle eingesetzt. Dies ist auch der Grund, weshalb man sich seit Mitte der 90er Jahre verstärkt auf die Entwicklung neuer Stahlgüten mit gesteigerter Festigkeit und verbesserter Umformbarkeit (Bake-Hardening-Stähle, höherfeste IF-Stähle, Mehrphasenstähle) konzentriert. Diese Stahlsorten sind im Automobilbau bzw. Fahrzeugbau bereits in großem Ausmaß etabliert. Im Flugzeugbau werden sie aufgrund des höheren Gewichtes nur im kleinen Ausmaß bei den Bauteilen eingesetzt, bei denen die Festigkeit anderer Werkstoffe nicht ausreicht [18].

2.3.1 Stahlsorten im Leichtbau

Da die Vielfalt der Stahlsorten im Leichtbau sehr groß ist, wird hier nur auf die höherfesten und hochfesten Stahlsorten eingegangen, da einzelne Stähle dieser Gruppen auch in dieser Arbeit untersucht werden. Von höherfesten Stählen spricht man in der Regel bei Zugfestigkeiten zwischen 300 – 500 N/mm². Jedoch ist dieser Übergang von höherfesten zu hochfesten Stählen sehr schwimmend und nicht eindeutig definiert, es existiert also keine klare Abgrenzung. Zu den höherfesten Stählen zählen mikrolegierte Stähle, phosphorlegierte Stähle, IF-Stähle, Bake-Hardening-Stähle, sowie isotrope Stähle. In der unteren Abbildung (Abb. 7) ist die Dehnung über der Zugfestigkeit verschiedener Stähle grafisch dargestellt, um eine gute Übersicht zu ermöglichen.

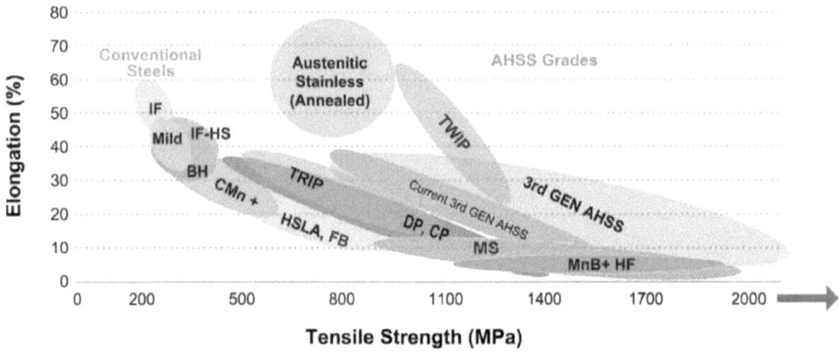

Abbildung 7: Dehnung und Zugfestigkeit verschiedener Stähle [21]

Die unterschiedlichen Eigenschaften hinsichtlich der Mindeststreckgrenzen und der Dehnungswerte können durch die Wahl der Stahlzusammensetzung und durch die Steuerung der Fertigungsparameter beeinflusst werden. Kennzeichnend für mikrolegierte Stähle ist der sehr geringe Kohlenstoffgehalt und die minimalen Anteile von Mangan, Silicium, Phosphor, Aluminium, Vanadium, Titan, Molybdän, Niob oder Bor. Diese Legierungselemente wirken aushärtend und bewirken eine Kornverfeinerung der Ferritkörner. Die Korngröße wird von der chemischen Zusammensetzung, der Warmbandtemperaturführung und dem Kaltwalzgrad bestimmt. Eine weitere Möglichkeit zur Festigkeitssteigerung wäre die Mischkristallverfestigung, in der die Elemente (Mangan, Aluminium, Silizium, Phosphor) in das Ferritgitter eingebracht sind und so zu einer Steigerung der Streckgrenze und der Zugfestigkeit führen. International wird diese Stahlsorte auch häufig als HSLA-Stahl (High Strength Low Alloy) bezeichnet [19]. Phosphorlegierte Stähle haben neben den anderen Legierungselementen einen wesentlich höheren Phosphorgehalt als die mikrolegierten Stähle. Eine Steigerung der Zugfestigkeit und der Streckgrenze wird durch eine Mischkristallverfestigung erreicht. Vorteil bei diesen Stählen ist eine hohe Umformbarkeit bei gleichzeitig hohen Streckgrenzen. Eine Sondergruppe der phosphorlegierten Stähle stellen die hochfesten IF-Stähle dar (IF: Interstitiell Frei). Diese weisen dank einer Tiefentkohlung im Vakuum in Kombination mit einer Mikrolegierung sehr wenig interstitiell gelöste Atome auf. Die Stickstoff- und Kohlenstoffatome sind durch Niob oder Titan so abgebunden, dass diese im Metallgitter die Eisenatome nicht substituieren, weshalb besonders gute Umformeigenschaften erreicht werden [18, 19]. Bake-Hardening-Stähle sind Stähle mit einer

Kohlenstoffübersättigung, was bei Raumtemperatur eine sehr gute Alterungsbeständigkeit erzielt. Im Ausgangszustand liegen Kohlenstoffatome mit einer Konzentration von etwa 10-20 ppm gelöst und homogen verteilt in der ferritischen Matrix vor. Durch Verformung werden neue Versetzungen eingebracht, an die sich Kohlenstoffatome bei der anschließenden Wärmebehandlung bei 170 °C 20 min. anlagern. Dadurch werden weitere Versetzungsbewegungen erschwert und somit erfährt der Werkstoff zusätzlich zur Kaltverfestigung auch noch einen Streckgrenzenanstieg durch Versetzungsblockierung. Wesentlicher Vorteil bei dieser Stahlsorte ist die gute Kaltumformbarkeit im Anlieferungszustand [19]. Von hochfesten Stählen spricht man bei einem Zugfestigkeitsbereich von etwa 500 N/mm² bis 950 N/mm². Zu dieser Gruppe gehören unter anderem Dualphasenstähle (DP), austenitische Mn-Stähle (RA, TRIP/TWIP) und Complexphasen Stähle (CP). All diese genannten hochfesten Stähle gehören zur Gruppe der Mehrphasen-Stähle. Kennzeichnend hierbei sind die besonderen Gefügestrukturen, in die in einer weichen ferritischen Matrix ein bzw. mehrere andere härtere Phasen eingebracht werden. DP-Stähle bestehen aus einer ferritischen Matrix, die eine zweite martensitische Phase enthält. Diese Martensitpphase liegt inselförmig auf den Korngrenzen vor und besitzt einen Volumenanteil von 10 – 30 %. Aufgrund der weichen Ferritphase haben DP-Stähle eine niedrige Streckgrenze, sowie eine hohe Zugfestigkeit, welche aus der harten Martensitphase resultiert [17, 19]. Restaustenit-Stähle werden in der Regel auch TRIP-Stähle genannt. Bei diesen Stählen wird nach der Glühung ein Gefüge aus 40 – 60 Vol.% Ferrit, 35 – 45 Vol.% Bainit und 5 - 15 Vol.% Restaustenit eingestellt und der sogenannte TRIP-Effekt (Transformation Induced Plasticity) zu Nutze gemacht. Hierbei wird der Restaustenit während der Kaltverformung in Martensit umgewandelt, was zu einer besonders starken Verfestigung führt. Diese Art der Umwandlung bietet den großen Vorteil einer verbesserten Verformbarkeit kombiniert mit einer Festigkeitssteigerung während der Formgebung. Infolge des hohen Kaltverfestigungsvermögens erreichen sie hohe Gleichmaßdehnungen und hohe Zugfestigkeiten [19]. CP-Stahl stellt den Übergang zwischen den hochfesten und den höchstfesten Stählen dar. Er zeichnet sich durch ein niedrig legiertes, sehr feinkörniges Gefüge mit einer sehr homogenen Verteilung aus. CP-Stahl besteht im Wesentlichen aus einem feinkörnigen ferritisch-bainitisch-martensitischen Gefüge, wobei eine Verfestigung durch die Ausscheidungshärtung erreicht wird. Die üblich erreichten Festigkeiten liegen im Bereich von 800 – 1000 N/mm². Ab einer Zugfestigkeit von 950 N/mm² spricht man von höchstfesten

Stählen. Auch diese Stähle gehören zu den Mehrphasen-Stählen und sind unter anderem Partiell Martensitische Stähle (PM) und Martensitphasen-Stähle (MS). Partiell Martensitischer Stahl besitzt ein Gefüge das neben Ferrit einen hohen Anteil an Martensit aufweist. Neben Martensit kann auch Bainit vorliegen. Auf Grund dieser Gefügezusammenstellung hat PM-Stahl eine niedrige Streckgrenze bei hoher Zugfestigkeit. Ähnlich wie der DP-Stahl besitzt auch der PM-Stahl einen Bake-Harding-Effekt und ein Verfestigungsverhalten, allerdings nicht ganz so stark ausgeprägt. Deshalb findet er meist Anwendung in Bereichen, in denen eine geringe Umformbeanspruchung vorliegt. Bei MS-Stählen erreicht man durch eine schnelle Abkühlung und den hohen Anteil an Martensit Zugfestigkeiten von bis zu 1400 N/mm². Die geringe Bruchdehnung von nur wenigen % kann durch weitere Gefügebestandteile bei geringer Abnahme der Zugfestigkeit verbessert werden [18, 19].

2.3.2 STAHL IM FAHRZEUGBAU

Der Werkstoff Stahl hat sich bei der Konstruktion von Automobilen aufgrund seiner hervorragenden Kombination von Festigkeit und Duktilität in Verbindung mit einer hohen Verfügbarkeit und relativ günstigen Herstellkosten im Vergleich zu anderen Materialien bewährt. Er zählt bis heute zu den wichtigsten Konstruktionswerkstoffen des Fahrzeugbaus. Im Durchschnitt bestehen heute moderne Autos zu 60 % aus Stahl. Trotz Werkstoffen wie Karbon oder Aluminium gilt dies auch weiterhin für den konventionellen Leichtbau. Ursachen dafür sind unter anderem der günstige Kilopreis, sowie die große Breite an verfügbaren Halbzeugen und Qualitäten. Ein besonderer Vorteil ist die große Vielfalt in den mechanischen und physikalischen Eigenschaften. Diese reichen von weichen über hochfeste bis hin zu korrosionsbeständigen Stählen. Als Nachteil gilt allgemein die hohe Dichte, welche für die Gestaltung von Konstruktionen oftmals eine Beeinträchtigung darstellt. Wobei es auch hier Prinzipien gibt, die Konstruktionen leichter machen können [17]. Die Anforderungen an die Auslegung von Fahrzeugen hinsichtlich Leichtbau, Sicherheit und Umweltschutz sind in den letzten Jahren stetig gestiegen, wovon auch der Werkstoff Stahl stark betroffen ist. Für alle Bereiche der Fahrzeugtechnik ist Stahl der wichtigste Werkstoff. Diese Dominanz des Werkstoffes lässt sich bis an die Anfänge der Motorisierung zurückverfolgen. Durch die Möglichkeit, Eigenschaftsmodifizierungen in fast unbegrenzter Art vornehmen zu können, gibt es eine Vielzahl an Einsatzgebieten im Fahrzeugbau. Des Weiteren verfügt dieser Werkstoff auch über eine hervorragende Recyclingfähigkeit, was speziell im Fahrzeugbau von enormer Wichtigkeit ist. Derzeit verfügt kein anderer Werkstoff über einen so bewährten, geschlossenen Kreislauf wie Stahl, weshalb die Stahlindustrie Energie spart und die Ressourcen unserer Erde schont. Die Einsatzgrenzen von Stahl in der Verkehrstechnik, haben sich in den letzten Jahren aufgrund der intensiven Forschungsaktivitäten der Stahlindustrie stark erweitert. Als Beispiel seien hier hoch entwickelte Martensitphasen-Stähle für höchstbeanspruchte Bauteile in der Luft- und Raumfahrtindustrie genannt, welche Zugfestigkeiten von bis zu 1600 N/mm^2 erreichen [17, 19]. Vorwiegend werden im Fahrzeugbau gegenwärtig höher- und hochfeste Leichtbaustähle eingesetzt, welche bereits unter 2.3.1 genannt wurden.

3 VERSUCHE/ BERECHNUNGEN

3.1 MATERIALIEN

Die für den Vergleich bzgl. Leichtbaupotenzial verwendeten Materialien sind Stahl und Aluminium. Obwohl diese beiden Materialien grundsätzlich zu den Metallen zählen, handelt es sich um völlig unterschiedliche Werkstoffe, wie auch in Abbildung 8 sofort zu erkennen ist.

Aluminium	Stahl
Leichtmetall	Eisenmetall
Schmelzpunkt: 660 °C	Schmelzpunkt: 1536°C
Siedepunkt: 2470 °C	Siedepunkt: 2750°C
Dichte: 2,7 g/cm^3	Dichte: 7,87g/cm^3
Festigkeit: 45 –710 N/mm^2	Festigkeit: bis 2000 N/mm^2

Abbildung 8: Materialien

Aufgrund der enormen Vielzahl unterschiedlicher Stahl- und Aluminiumlegierungen im Leichtbau, können nur einige wenige spezielle davon, jeweils mit Fokus auf hochfeste Legierungen beider Materialien, ausgewählt und verglichen werden. Gewählt wurden die Stähle TRIP 700, DP 800 und Docol 1400 M sowie die Aluminiumsorten 2024 T3, 6082 T6 und 7075 T6. Eine Aufschlüsselung der mechanischen Eigenschaften dieser Werkstoffe ist unter Kapitel 4.1 gegeben.

3.2 MECHANISCHE FORMELN

Grundlegende Parameter wie Biege- und Torsionssteifigkeit sowie Zugfestigkeit sind wichtig für die Bewertung von Karosserie- bzw. Fahrzeugteilen. In der Literatur werden verschiedene fundamentale Parameter vorgeschlagen, um das Leichtbaupotenzial verschiedener Materialien zu vergleichen. Fortlaufend wird eine Auswahl einiger wichtiger Parameter für Fahrzeugstrukturen im Leichtbau abgeleitet. Diese Parameter basieren auf materialabhängigen Parametern wie Elastizitätsmodul (E), Dichte (ρ), Zugfestigkeit (R_m) und Schermodul (G), bestimmt für die Form typischer Strukturteile. Die Parameter, die für den Vergleich von Stahl und Aluminium demnach berücksichtigt werden, sind:

- Biegesteifigkeits-Parameter: $\frac{\sqrt[3]{E}}{\rho}$

- Zugfestigkeits-Parameter: $\frac{R_m}{\rho}$

- Torsionssteifigkeits-Parameter (offenes Profil): $\frac{\sqrt[3]{G}}{\rho}$

- Torsionssteifigkeits-Parameter: (geschl. Profil): $\frac{G}{\rho}$

- 3-Punkt Biege-Parameter: $\frac{R_m}{\rho}$

Diese Parameter basieren alle auf der Annahme, dass der grundlegende Entwurf einer Komponente unabhängig von dem bestehenden Material ist. Spezifische Vorteile von alternativen Materialien ergeben sich häufig erst nach grundlegenden Änderungen im Design des Bauteils. Der jeweilige Einfluss der Einzellastfälle auf die Fahrzeug-Strukturteile kann mit einfachen Träger-Beispielen erklärt werden.

3.2.1 BIEGESTEIFIGKEIT

In Abbildung 9 wird der Belastungsfall für die Biegesteifigkeit eines Balkens betrachtet. Beispiel für die Anwendung eines solchen Lastfalles in einer Körperstruktur wäre eine B-Säule oder eine Schwinge beim KFZ.

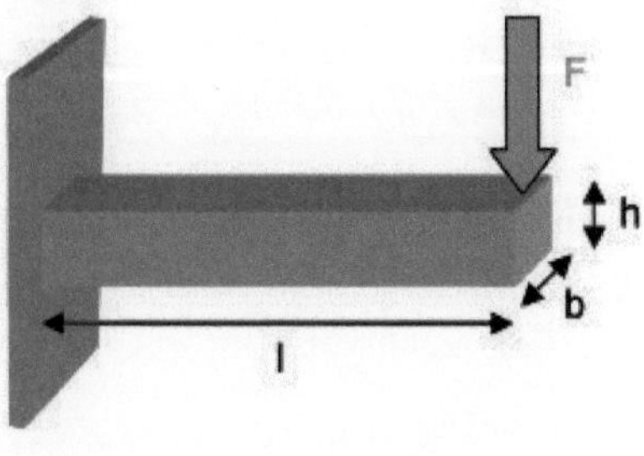

Abbildung 9: Lastfall für Biegesteifigkeit [23]

Als Formulierung für diesen Lastfall bei gleicher Leistung werden 2 grundlegende Formeln verwendet. Die erste Gleichung ist die für eine Biegelinie.

$$\frac{F}{f} = \frac{3 * I * E}{l^3}$$

Um zwei Materialien bei gleicher Leistung zu vergleichen, sind die Belastung (F) und die Durchbiegung (f) konstant.

$$\frac{F_1}{f_1} = \frac{F_2}{f_2}$$

Setzt man in die Gleichung für die Biegelinie eine, erhält man unteren Zusammenhang. Voraussetzung ist, dass die Länge l aufgrund der gleichen Bedingungen konstant gesetzt wird.

$$E_1 * I_1 = E_2 * I_2$$

Das geometrische Trägheitsmoment eines rechteckigen Profils ist definiert durch:

$$I = \frac{b * h^3}{12}$$

Dadurch dass die Breite wiederum als konstant für beide Materialien festgelegt wird ergibt sich folgende Gleichung:

$${h_1}^3 * E_1 = {h_2}^3 * E_2$$

umgeformt zu:

$$\frac{h_1}{h_2} = \sqrt[3]{\frac{E_2}{E_1}}$$

Die Masse ist das Produkt der Dichte ρ und des Volumens V des Balkens. Das Volumen ist wiederum das Produkt von den drei geometrischen Größen l, b und h.

$$m = \rho * l * b * h$$

Vergleicht man zwei Balken mit gleicher Ausführung, so leitet sich der Begriff für das Massenverhältnis ab:

$$\frac{m_1}{m_2} = \frac{l * b * \rho_1 * h_1}{l * b * \rho_2 * h_2}$$

Da Länge und Breite für beide Materialien gleich sind, können diese beiden Variablen gekürzt werden und fallen somit weg. Es ergibt sich der Zusammenhang:

$$\frac{m_1}{m_2} = \frac{\rho_1}{\rho_2} * \sqrt[3]{\frac{E_2}{E_1}}$$

Dies führt zum Biegesteifigkeits-Parameter: $\frac{\sqrt[3]{E}}{\rho}$

3.2.2 Zugfestigkeit

Ein weiterer wichtiger Parameter für Körperstrukturen ist die Zugfestigkeit (Abb. 10). Fast jede Belastung eines Bauteils verursacht eine Zugspannung.

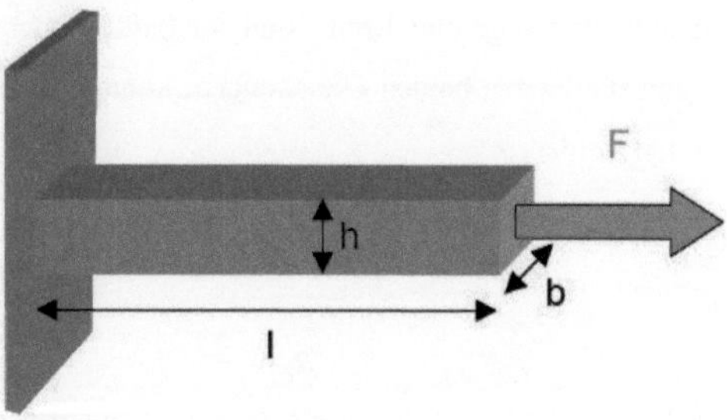

Abbildung 10: Lastfall für Zugfestigkeit [23]

Die Formel für die Längskraft in einem Balken enthält die Spannung im Balken (σ) und die Querschnittsfläche (A).

$$F = \sigma * A$$

In dieser Gleichung wird für die maximal mögliche Spannung die Zugfestigkeit (R_m) verwendet. Die Querschnittsfläche ist das Produkt der Breite (b) und der Höhe des Balkens (h).

$$F_{max} = R_m * h * b$$

Wie in der Herleitung der Biegesteifigkeit beschrieben, soll die Breite für beide Beispiel-Träger (Stahl und Aluminium) gleich sein. Das Produkt aus Zugfestigkeit und Höhe muss somit also bei beiden Materialien konstant sein, wenn diese miteinander verglichen werden.

$$R_{m1} * h_1 = R_{m2} * h_2$$

Wird diese Gleichung umgeformt, erhält man:

$$\frac{h_1}{h_2} = \frac{Rm_2}{Rm_1}$$

Die zwei Materialien können wieder über das Massenverhältnis miteinander verglichen werden:

$$\frac{m_1}{m_2} = \frac{l * b * \rho_1 * h_1}{l * b * \rho_2 * h_2}$$

Die beiden Parameter für Länge und Breite sind für beide Materialien wiederum konstant. Kombiniert man nun die letzten beiden Gleichungen, können die Materialien über folgende Gleichung verglichen werden:

$$\frac{m_1}{m_2} = \frac{\rho_1 * Rm_2}{\rho_2 * Rm_1}$$

Dies resultiert im Zugfestigkeits-Parameter: $\frac{R_m}{\rho}$

Dieser Faktor sollte in der Regel so klein wie möglich sein.

3.2.3 Torsionssteifigkeit

Neben der Materialwahl, beeinflusst auch die Geometrie einer Komponente die massenabhängigen Gewichtungsfaktoren. Diese geometrischen Einflüsse sind für die Torsionssteifigkeit (Abb. 11) von offenen und geschlossenen Profilen dargestellt.

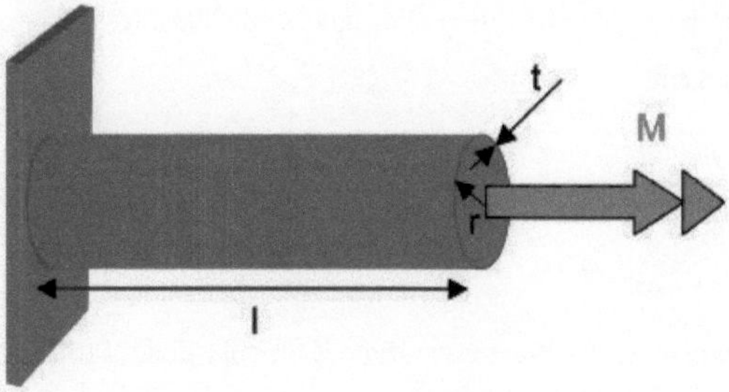

Abbildung 11: Lastfall für Torsionssteifigkeit [23]

Bei einem runden Profil hängt das Torsionsmoment vom Schermodul (G), dem polaren Trägheitsmoment (I_P), der Länge des Profils und dem Drehwinkel (φ) ab.

$$\frac{M_T}{\varphi} = \frac{G * I_{P,O}}{l}$$

Das polare Trägheitsmoment für ein dünnwandiges Profil ($I_{P,O}$) beinhaltet die zwei geometrischen Größen Radius (r) und Dicke (t).

$$I_{P,O} = \frac{2 * r * \pi * t^3}{3}$$

Länge und Radius sind für Stahl und Aluminium konstant, um den gleichen Bauraum zu erreichen. Daher muss der Ausdruck $G * t^3$ konstant sein, damit die beiden betrachteten Materialien die gleiche Leistung erreichen.

$$G_1 * {t_1}^3 = G_2 * {t_2}^3$$

Dies führt zu folgendem Dickenverhältnis:

$$\frac{t_1}{t_2} = \frac{\sqrt[3]{G_2}}{\sqrt[3]{G_1}}$$

Wiederum kann die Masse als Produkt von Volumen und Dichte ausgedrückt werden. Das Massenverhältnis für die Torsion eines offenen Profils ist nachfolgend angeführt:

$$\frac{m_1}{m_2} = \frac{2 * \pi * r * l * \rho_1 * t_1}{2 * \pi * r * l * \rho_2 * t_2}$$

Da die Länge (l) und der Radius (r) konstant sind führt dies zur relativen Masse für gleiche Torsionssteifigkeit:

$$\frac{m_1}{m_2} = \frac{\rho_1}{\rho_2} * \frac{\sqrt[3]{G_2}}{\sqrt[3]{G_1}}$$

Also ist der Parameter der Torsionssteifigkeit für ein offenes Profil: $\frac{\sqrt[3]{G}}{\rho}$

Wie zuvor soll auch hier das Massenverhältnis niedrige Werte erreichen.

Eine äquivalente Formulierung wie für das offene runde Profil ist in nachfolgender Gleichung für das geschlossene Rundprofil gegeben:

$$\frac{M_T}{\varphi} = \frac{G * I_{P,C}}{l}$$

Da sich das polare Trägheitsmoment eines dünnwandigen geschlossenen runden Profils ($I_{P,C}$) von dem eines dünnwandigen offenen Profils unterscheidet, unterscheidet sich auch das Ergebnis.

$$I_{P,C} = 2 * r^3 * \pi * t$$

Berücksichtigt man die Tatsache, dass Radius und Länge für beide Materialien ident sind, um den gleichen Bauraum zu betrachten, muss der Ausdruck G * t für Aluminium und Stahl konstant sein, um die gleiche Leistung zu erreichen.

$G_1 * t = G_2 * t$ umgeformt zu:

$$\frac{t_1}{t_2} = \frac{G_2}{G_1}$$

Wie zuvor werden die Materialien über das Massenverhältnis verglichen:

$$\frac{m_1}{m_2} = \frac{2 * \pi * r * l * \rho_1 * t_1}{2 * \pi * r * l * \rho_2 * t_2}$$

Durch Einsetzen und Kürzen entsteht nachfolgender Ausdruck:

$$\frac{m_1}{m_2} = \frac{\rho_1}{\rho_2} * \frac{G_2}{G_1}$$

Der resultierende Parameter der Torsionssteifigkeit für ein geschlossenes Profil ist: $\frac{G}{\rho}$

3.2.4 3-Punkt Biegen

Der letzte behandelte Lastfall ist die 3-Punkt-Biegung für einen Biegebalken (Abb. 12). Um diesen zu beschreiben kann die nachfolgende Formulierung verwendet werden. Die plastische Belastung (F_{PL}) ist als eine Funktion der Zugfestigkeit (R_m), der Länge (l), des Profilkoeffizienten (α) und dem axialen Widerstandsmoment (W_0) gegeben.

$$F_{PL} = \frac{4 * \alpha}{l} * R_m * W_0$$

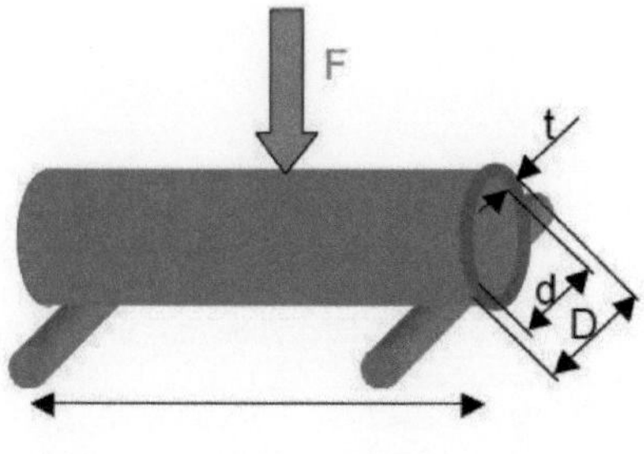

Abbildung 12: Lastfall für 3-Punkt – Biegen [23]

Der Profilkoeffizient (α) kann abhängig vom Profil mehrere Werte erreichen. Für ein Rechteckprofil hat er einen Wert von 1,0. Ein rundes Hohlprofil hat einen Wert von 1,5 und ein rundum voller Querschnitt wiederum einen Wert von 1,7.

Das axiale Widerstandsmoment (W_0) enthält die Blechdicke des Hohlprofils (t) und den mittleren Durchmesser des Profils (d_m). Der mittlere Durchmesser des Profils in diesem Ausdruck ist die geometrische Mitte des Außendurchmessers (D) und des Innendurchmessers (d) des Hohlprofils. Der Ansatz im zweiten Teil der Gleichung basiert auf der Tatsache, dass der mittlere Durchmesser des Profils (d_m) viel größer ist als die Dicke des Hohlprofils (t).

$$W_0 = \frac{\pi * (D^4 - d^4)}{32 * D} \approx \frac{\pi * {d^2}_m * t}{4}$$

Eine Zusammenführung der beiden Formeln ergibt folgenden Ausdruck:

$$F_{PL} = \frac{\alpha * {d^2}_m}{l} * R_m * t$$

Um zwei verschiedene Materialien bei gleicher plastischer Belastung zu vergleichen, kann diese für beide Materialien als konstant angenommen werden. Dies führt zu nachfolgender Gleichung:

$R_{m1} * t_1 = R_{m2} * t_2$ umgeformt zu:

$$\frac{t_1}{t_2} = \frac{R_{m2}}{R_{m1}}$$

Wiederum werden die beiden Materialien bei gleicher Leistung mit dem Massenverhältnis verglichen:

$$\frac{m_1}{m_2} = \frac{\pi * d_{m1} * l * \rho_1 * t_1}{\pi * d_{m2} * l * \rho_2 * t_2}$$

Wenn der mittlere Durchmesser (d_m) viel größer als die Dicke des Hohlprofils (t) ist, sind die mittleren Durchmesser für die beiden Materialien (d_{m1} und d_{m2}) nahezu gleich.

$$\frac{m_1}{m_2} \approx \frac{\rho_1}{\rho_2} * \frac{R_{m2}}{R_{m1}}$$

Daraus folgt der 3-Punkt Biege-Parameter: $\frac{R_m}{\rho}$

Somit ist nach Verwendung dieses Ansatzes der Parameter für Zugfestigkeit und 3-Punkt Biegung identisch.

4 ERGEBNISSE

4.1 MECHANISCHE EIGENSCHAFTEN

In nachfolgender Tabelle (Tab. 1) sind grundlegende Materialeigenschaften für ausgewählte Werkstoffe (Stahl, Aluminium) gelistet, welche für die unterschiedlichen Lastfälle an Fahrzeugstrukturteilen benötigt werden.

Material	Stahl			Aluminium		
	Trip 700	DP 800	Docol 1400 M	6082 T6	2024 T3	7075 T6
Elastizitätsmodul E [N/mm²]	210000	210000	210000	72200	72200	72200
Zugfestigkeit R_m [N/mm²]	720	840	1520	340	470	570
Dichte ρ [g/cm³]	7,85	7,85	7,85	2,7	2,7	2,7
Poisson Zahl ν [1]	0,3	0,3	0,3	0,34	0,34	0,34
Schermodul G [N/mm²]	81000	81000	81000	26900	26900	26900

Tabelle 1: Materialeigenschaften

In obiger Tabelle sind die Werte für den Elastizitätsmodul (E), die Dichte(ρ), die Zugfestigkeit R_m und die Poisson-Zahl für drei verschiedene hoch- und höchstfeste Stahlsorten (TRIP 700, DP 800, Docol 1400 M) sowie für drei hochfeste Aluminiumlegierungen (6082 T6, 2024 T3, 7075 T6) angegeben. Der Schubmodul G konnte mit folgender Formel berechnet werden:

$$G = \frac{E}{2 * (1 + \nu)}$$

4.2 BERECHNUNGEN

4.2.1 BIEGESTEIFIGKEIT

Das zweite Material ist immer das Referenzmaterial Trip 700. Wenn also das Massenverhältnis bei gleicher Biegesteifigkeit einen niedrigeren Werte erreicht, ist Material 1 leichter als Trip

700. Zusätzlich ergibt sich die Zunahme der Höhe h aus den vorher beschriebenen Gleichungen, dieser Zunahme-Faktor wird ebenfalls in der Tabelle gezeigt. Dieses Höhenverhältnis ist ein Indikator bzgl. Platzbedarf des Materials. Je höher dieser Wert ist, desto mehr Bauraum benötigt die Material-Komponente, um die gleiche Leistung zu erzielen. In der unten dargestellten Tabelle hat dadurch dieses Material die meisten Vorteile, welches den niedrigsten Wert für das Höhenverhältnis und das Massenverhältnis bei gleicher Leistung erreicht. Diese Art der Beschreibung wird für alle Lastfälle verwendet, die in diesem Kapitel behandelt werden.

Material	Bezeichnung	h_1/h_{ref}	m_1/m_{ref}
Stahl	Trip 700 (Referenz)	1,00	1,00
	DP 800	1,00	1,00
	Docol 1400 M	1,00	1,00
Aluminium	6082 T6	1,44	0,50
	2024 T3	1,44	0,50
	7075 T6	1,44	0,50

Tabelle 2: Höhen-/ Massenverhältnisse für Biegesteifigkeits-Parameter

Die in der Tabelle angeführten Stahlsorten haben das gleiche Massenverhältnis wie der Stahl Trip 700 und das gleiche Verhältnis der Höhe. Das Massenverhältnis der Aluminiumsorten ist um 0,5 niedriger, das Höhenverhältnis um etwa 44% höher. Das heißt, Aluminium ist im Lastfall Biegesteifigkeit bei gleicher Leistung um 50% leichter, benötigt aber ca. 44% mehr Bauraum.

4.2.2 ZUGFESTIGKEIT

Tabelle 3 zeigt die Ergebnisse der Berechnung unter Verwendung der Zugfestigkeit (R_m). Material 2 ist hierbei wiederum der Stahl Trip 700, welcher als Referenz dient.

Material	Bezeichnung	h_1/h_{ref}	m_1/m_{ref}
Stahl	Trip 700 (Referenz)	1,00	1,00
	DP 800	0,86	0,86
	Docol 1400 M	0,47	0,47
Aluminium	6082 T6	2,12	0,73
	2024 T3	1,53	0,53
	7075 T6	1,26	0,43

Tabelle 3: Höhen-/ Massenverhältnisse für Zugfestigkeits-Parameter

Der niedrigste Wert des Massenverhältnisses bei gleicher Zugfestigkeit wird vom Aluminium 7075 T6 erreicht. Ein annähernd gleiches Ergebnis liefert auch der Stahl Docol 1400 M. Dieser nimmt zusätzlich noch den geringsten Bauraum in Anspruch, da er das geringste Höhenverhältnis aufweist. Aluminium 7075 T6 braucht hier deutlich mehr Bauraum. Das Massenverhältnis vom Stahl DP 800 befindet sich bereits über dem der verbleibenden Aluminiumaorten 2024 T3 und 6082 T6, wobei dieser auch aufgrund seines geringeren Höhenverhältnisses wiederum weniger Bauraum benötigt.

4.2.3 TORSIONSSTEIFIGKEIT

In Tabelle 4 ist zu sehen, dass Stahl ein doppelt so hohes Massenverhältnis hat als die verschiedenen Aluminiumsorten. In dieser Tabelle ist der Indikator bzgl. Platzbedarf über das Dickenverhältnis gegeben, da hier Hohlprofile verwendet werden. Dieses Dickenverhältnis ist bei Aluminium um etwa 44% höher als bei Stahl. Wiederum ist das Referenzmaterial 2 der Stahl Trip 700.

Material	Bezeichnung	t_1/t_{ref}	m_1/m_{ref}
Stahl	Trip 700 (Referenz)	1,00	1,00
	DP 800	1,00	1,00
	Docol 1400 M	1,00	1,00
Aluminium	6082 T6	1,44	0,50
	2024 T3	1,44	0,50
	7075 T6	1,44	0,50

Tabelle 4: Dicken-/ Massenverhältnisse für Torsionssteifigkeits-Parameter (offenes Profil)

Tabelle 5 veranschaulicht die Ergebnisse betreffend eines geschlossenen Profils. Die beiden Faktoren erreichen für das Massenverhältnis bei gleicher Torsionssteifigkeit für Stahl und Aluminium den selben Wert. Dies zeigt, dass in einem geschlossenen Profil die Torsionssteifigkeit nicht vom verwendeten Material abhängt. Dadurch werden weitere Design-Themen sowie Kosten immer wichtiger. Vor allem der Platzbedarf ist an dieser Stelle sehr wichtig. Das Dickenverhältnis zeigt, dass Aluminium einen dreimal höheren Platzbedarf als Stahl hat.

Material	Bezeichnung	t_1/t_{ref}	m_1/m_{ref}
Stahl	Trip 700 (Referenz)	1,00	1,00
	DP 800	1,00	1,00
	Docol 1400 M	1,00	1,00
Aluminium	6082 T6	3,01	1,04
	2024 T3	3,01	1,04
	7075 T6	3,01	1,04

Tabelle 5: Dicken-/ Massenverhältnisse für Torsionssteifigkeits-Parameter (geschlossenes Profil)

Ohne Berücksichtigung des eingesetzten Materials ist es im Fahrzeugbau grundsätzlich besser geschlossene Profile zu verwenden, da bei diesen Profilen das geometrische Trägheitsmoment besser ausgenutzt wird.

4.2.4 3-Punkt Biegen

Wie auch bei den anderen Lastfällen ist Material 2 der Stahl Trip 700. Die Ergebnisse sind in Tabelle 6 dargestellt, wobei sich die gleichen Werte wie in Tabelle 3 mit den gleichen Vorteilen für Docol 1400 M und 7075 T6 ergeben. Wobei Aluminium hierbei wieder etwas mehr Bauraum als Stahl mit gleichem Massenverhältnis benötigt. Der Unterschied zwischen 3-Punkt Biegung und Zugfestigkeit ist, dass bei der Zugfestigkeit das Höhenverhältnis und bei der 3-Punkt Biegung das Dickenverhältnis analysiert wird.

Material	Bezeichnung	t_1/t_{ref}	m_1/m_{ref}
Stahl	Trip 700 (Referenz)	1,00	1,00
	DP 800	0,86	0,86
	Docol 1400 M	0,47	0,47
Aluminium	6082 T6	2,12	0,73
	2024 T3	1,53	0,53
	7075 T6	1,26	0,43

Tabelle 6: Dicken-/ Massenverhältnis für 3-Punkt Biege-Parameter

5 ZUSAMMENFASSUNG/ AUSBLICK

5.1 DISKUSSION

Eine Übersicht über die gesamten beschriebenen Parameter ist in Tabelle 7 gegeben. Diese Tabelle veranschaulicht, dass Aluminium besonders bei der Steifigkeit und bei der Torsionssteifigkeit eines offenen Profils bei gleicher Leistung ca. 1,4 Mal mehr Platzbedarf benötigt. Gleichzeitig reduziert sich durch Aluminiumanwendung die Masse um 50% in Bezug auf ein Stahlprofil mit gleicher Leistung. Hinsichtlich der Torsionssteifigkeit eines geschlossenen Aluminiumprofils benötigt es einen dreimal größeren Bauraum als ein Stahlrohr. Zusätzlich hat das geschlossene Stahlrohr annähernd das gleiche Gewicht wie das Aluminiumrohr. In Bezug auf Zugfestigkeit und 3-Punkt Biegung wiegt gewalzter Stahl (z.B.: Docol 1400 M) geringfügig mehr wie Aluminium 7075 T6. Die beiden Materialien sind bei gleicher Leistungsfähigkeit 53 – 57% leichter als der Stahl Trip 700. Ein Unterschied zwischen warmgewalzten Stahl und Aluminium 7075 T6 kann im Platzbedarf gefunden werden. Hier braucht der Docol 1400 M nur 47 % an Platzbedarf des Trip 700, hingegen wird von Aluminium 7075 T6 26 % mehr an Platz benötigt. Somit besteht hier ein Platzbedarfsunterschied von ca. 80%. Dualphasenstähle (z.B.: DP 800) erreichen in diesen Lastfällen ein Massenverhältnis, welches etwas über dem Bereich von den behandelten Aluminiumsorten liegt.

	h_1/h_{ref} t_1/t_{ref}						m_1/m_{ref}					
Material	Stahl			Aluminium			Stahl			Aluminium		
Bezeichnung	Trip 700 (Referenz)	DP 800	Docol 1400 M	6082 T6	2024 T3	7075 T6	Trip 700 (Referenz)	DP 800	Docol 1400 M	6082 T6	2024 T3	7075 T6
Biegesteifigkeit	1,00	1,00	1,00	1,44	1,44	1,44	1,00	1,00	1,00	0,50	0,50	0,50
Zugfestigkeit	1,00	0,86	0,47	2,12	1,53	1,26	1,00	0,86	0,47	0,73	0,53	0,43
Torsionssteifigkeit (offen)	1,00	1,00	1,00	1,44	1,44	1,44	1,00	1,00	1,00	0,50	0,50	0,50
Torsionssteifigkeit (geschlossen)	1,00	1,00	1,00	3,01	3,01	3,01	1,00	1,00	1,00	1,04	1,04	1,04
3-Punkt Biegen	1,00	0,86	0,47	2,12	1,53	1,26	1,00	0,86	0,47	0,73	0,53	0,43

Tabelle 7: Zusammenfassung der Parameter

DP 800 ist 14 % leichter als Trip 700 und Aluminium 6082 T6 ist 27 % leichter. Gleichzeitig sind die Platzanforderungen von Dualphasenstahl niedriger (14 % weniger als Trip 700) als die von 6082 T6 (112 % mehr als Trip 700). Der höchste Platzbedarf in den beiden Lastfällen Zugfestigkeit und 3-Punkt Biegung findet sich bei Aluminium 6082 T6, das 112 % mehr Bauraum benötigt als der Stahl Trip 700, obwohl es 27 % leichter ist.

Dies zeigt, dass Aluminium bei gleicher Leistungsfähigkeit eine höhere Nachfrage hinsichtlich Bauraum hat als Stahl. Für das Massenverhältnis hängt das Ergebnis vom betrachteten Lastfall ab. In Bezug auf Biege- und Torsionssteifigkeit kann ein offenes Aluminiumprofil zweimal leichter sein als ein Stahlprofil. Bei den anderen Lastfällen finden sich Stahl und Aluminium im annähernd gleichen Massenbereich, wobei Aluminium teils doch noch geringfügig unter dem Wert von Stahl liegt. In einer realen Fahrzeugkarosserie werden diese Lastfälle nie einzeln gesehen, sondern immer eine Kombination aus diesen gefunden.

Torsions- und Biegesteifigkeit sowie Zugfestigkeit und 3-Punkt Biegung sind die wichtigsten Belastungsfälle an Fahrzeug Struktur-/ Karosserieteilen. Aus diesen grundsätzlichen Lastfällen ergeben sich Steifigkeits- und Festigkeitsparameter, die eine Vorauswahl eines Materials ermöglichen. Darüber hinaus gehören diese Parameter zu den Grundlagen der Simulationssoftware für die Crashsimulation und Topologie-Optimierung im Fahrzeugentwicklungsprozess und haben direkten Einfluss auf das Struktur-/ Karosseriedesign. Die unterschiedlichen Lastfälle verursachen unterschiedliche Ergebnisse für das Massenverhältnis und den benötigten Bauraum. In den meisten Fällen benötigt Aluminium mehr Platz als Stahl. Dies führt zu einer größeren Höhe oder zu dickeren Profilen.

5.2 Zusammenfassung

In dieser Arbeit wurde das Massenreduktionspotenzial von Stahl und Aluminium analysiert. Um einen allgemeinen Eindruck über das Massenreduktionspotenzial zu vermitteln, wurden verschiedene Anwendungen und Konzepte verglichen. Für ein grundlegendes Verständnis wurden hierbei die mechanischen Grundlagen erläutert und teils auf die Anforderungen der Automobil- und Luftfahrtindustrie bezogen. Die wichtigsten Lastfälle an einer Fahrzeugstruktur sind Biegesteifigkeit, Torsionssteifigkeit und Zugfestigkeit sowie

Dreipunktbiegung. Analytische Formeln, die diese grundlegenden Lastfälle erklären wurden detailliert untersucht.

Die grundlegende Analyse ausgewählter einfacher Lastfälle (z.B.: Biegesteifigkeit und Dreipunktbiegung) und von TRIP-Stahl (Stahl mit den niedrigsten Werten in dieser Arbeit) zeigt, dass Aluminium eine Massenreduktion von 50% bis fast 60% erreichen kann (wenn keine Bauraumbeschränkungen gelten). Unter diesen Bedingungen konnte die Annahme, dass die Masse durch den Einsatz von Aluminium um bis zu 50% reduziert werden kann, jedoch nicht für eine komplette Fahrzeugstruktur, sondern nur für die beiden einfachen Lastfälle Biegesteifigkeit und Torsionssteifigkeit eines offenen Profils getroffen werden. Bezüglich Platzbedarf benötigen alle analysierten Aluminiumsorten 44% mehr Bauraum als die analysierten Stahlsorten in diesen beiden Lastfällen.

Die fundamentale Analyse anderer ausgewählter einfacher Lastfälle und die Verwendung von hochfestem Stahl zeigt auch, dass Aluminium ein Massenreduktionspotenzial aufweist, welches äquivalent oder kleiner als Stahl ist. Zum Beispiel in den beiden Lastfällen Zugfestigkeit und Dreipunktbiegung können Stahlsorten wie Docol 1400 M und Aluminium 7075 T6 eine Massenreduktion von bis zu 57% im Vergleich zu TRIP-Stahl erreichen (s. Abbildung 13).

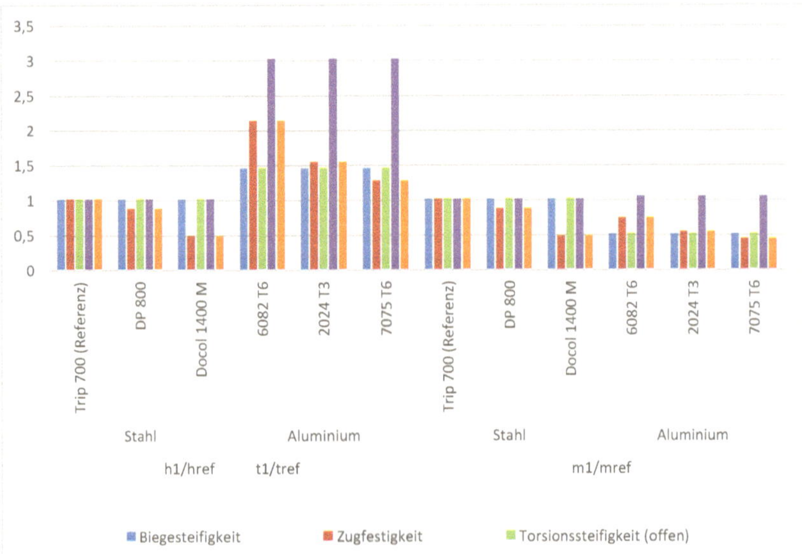

Abbildung 13: Grafische Übersicht - Werkstoffvergleich

Somit steigt die Relevanz des Platzbedarfs bei gleicher Leistungsfähigkeit. Für geschlossene Profile gibt es zum Beispiel bei gleicher Leistungsfähigkeit keinen Massenunterschied zwischen Aluminium und Stahl. Stahl benötigt jedoch ca. drei Mal weniger Wandstärke als Aluminium. In diesen Lastfällen ist also Stahl so leicht wie Aluminium. Da in tatsächlichen Fahrzeugstrukturen die Lastfälle viel komplexer als die ausgewählten sind, ist keines der erwähnten Szenarien für sich selbst erreichbar. Die Lastfälle sind jedoch fundamentale Parameter für die Crashsimulation und die Topologie-Optimierung von Strukturteilen, denn die Definition eines geeigneten Kompromisses zwischen Steifigkeit, Crash und weiteren Anforderungen ist die größte Herausforderung bei der Entwicklung einer Fahrzeugstruktur. Studien, welche aktuelle Produktions- und Konzeptfahrzeuge sowohl im Stahl- als auch im Aluminiumdesign bewertet haben zeigen, dass Aluminium eine Massenreduzierung von 11% bis 36 % erreichen kann. Dies hängt von der verwendeten Stahlgüte ab, da aufgrund ständiger Weiterentwicklung neue Stähle (bei gleichzeitig optimiertem Design) bereits eine 25%ige Gewichtsreduktion im Vergleich zu älteren Stahlsorten erzielen können.

Da sich neue Fahrzeugkonstruktionen global hin zu einem optimierten Design und einer größeren Verwendung von hochfesten Stählen weiterentwickeln, muss daraus geschlossen werden, dass das Potential zur Massenreduktion beim Einsatz von Aluminium anstatt von Stahl eher geringer (11%) ausfällt. Neue Entwicklungen auf der Stahlseite sollten also dazu beitragen, dass sich die Lücke bei den Einsparpotenzialen weiter verringert und so vielleicht Stahl in geraumer Zukunft die gleiche Gewichtsleistung wie Aluminium erreicht. Durch neue Materialien wie z.B. TWIP-Stähle könnte dadurch erreicht werden, Stahl noch gewichtseffizienter zu nutzen. Aber auch die Entwicklung von Aluminium-Technologie Prozessen bleibt nicht stehen. Tailor Welded Blanks aus Aluminium sind in der Entwicklung und sollen helfen, das Gewicht von Aluminiumstrukturen sowie neuer Aluminiumsorten zu optimieren, die speziell für ihre jeweilige Anwendung entwickelt wurden.

In dieser Arbeit nicht betrachtet wurden die Herstellkosten der jeweiligen Werkstoffe, welche aber natürlich aus wirtschaftlichen Gründen eine wichtige Rolle für die Entscheidungsfindung der Werkstoffauswahl spielen. In der Regel würde man glauben, dass Aluminium selbstverständlich um ein Vielfaches teurer als Stahl ist. Wenn man aber nun die für den Leichtbau wirklich interessanten, hochfesten Stahlsorten betrachtet, zeigt sich hier sehr schnell ein anderes Bild. Stahlsorten wie der betrachtete Docol 1400 M können Marktpreise erreichen, welche über dem von hochfesten Aluminiumsorten liegt, weshalb Aluminium dadurch kostentechnisch manchmal sogar Vorteile bieten kann. Je nach Einsatzgebiet und Restriktionen wird meist die ökonomisch sinnvollste Werkstoffwahl getroffen, wobei hier speziell im Automobilbau bei Kleinfahrzeugen günstigere Werkstoffe zum Einsatz kommen und weniger Wert auf Massenreduktion gelegt wird als bei Luxus- bzw. höherpreisigen Fahrzeugen. In der Luftfahrt spielt die Gewichtsreduktion zumeist eine dem Kostenfaktor übergeordnete Rolle.

6 Abbildungsverzeichnis

7 TABELLENVERZEICHNIS

8 LITERATURVERZEICHNIS

[1] Friedrich, H.E.; Meschut, G.: Autovision: Zukünftige Werkstoffe und Fügekonzepte im Automobilbau. Konferenz-Einzelbericht: DVS-Berichte. Düsseldorf: Verlag für Schweißen und verwandte Verfahren. DVS-Verlag, Band 222 (2003), S. 5-10

[2] Miller, W.S.; Zhuang, L.; Bottema, J.; Wittebrood, A.J.; De Smet, P.; Haszler, A.; Viereggge, A.: Recent development in aluminium alloys for the automotive industry. Materials Science and Engineering. A280 (2000), 37-49

[3] Haug, T.; Füller, K.-H.: Werkstofftrends im Spannungsfeld von Fertigungstechnik und Bauteilen. SFU, Sächsische Fachtagung Umformtechnik, 11 (2004), 1-19

[4] Zengen, K.H.-von: Aluminium - das leichte Schwergewicht im Automobil. MP Materialprüfung. 47 (2005) 11/12, 657-660

[5] Schuster, C.; Loretz, C; Klaas, F; Seifert, M: Möglichkeiten und Grenzen von Aluminiumlegierungen beim Innenhochdruck-Umformen. Internationale Konferenz Hydroumformung, 4 (2005), 121-144

[6] Belte, M.: Luftdusche. HISAQ-Abschreckung nach Warmbehandlung minimiert Eigenspannung und Verzug von Aluminiumteilen. MM - Maschinenmarkt. (2005) 37, 104-106

[7] The Aluminum Association: Technical Whitepaper Environment; Automotive Aluminum; 2002; http://www.autoaluminum.org

[8] F. Ostermann: Anwendungstechnologie Aluminium; ISBN: 3540627065; Springer-Verlag; Heidelberg; 1998

[9] D. Altenpohl: Aluminium von Innen, Vol. 5; ISBN: 3-87017-235-5; Aluminium-Verlag; Düsseldorf; 1994

[10] T. Cock: Aluminium - A Light Metal; Talat 2.0 - Training in Aluminium Application Technologies; 1999

[11] Kerz, P.: Entwicklungshelfer. Werk- und Rohstoffe als Triebfeder des automobilen Fortschritts. Giesserei. 93 (2006) 5, 58-63

[12] Kruzhanov, V.; Neubing, H.-C.: Pulvermetallurgische Leichtbauwerkstoffe – Status und Ziele. Pulvermetallurgie in Wissenschaft und Praxis. Hagen: ISL-Verlag, Band 19 (2003), 177-190

[13] J. R. Davis: ASM Specialty Handbook, Aluminum and aluminum alloys; 3rd ed.; ISBN: 087170496X; ed. Materials Park; ASM International; 1996

[14] H. Schoer: Schweißen und Hartlöten von Aluminiumwerkstoffen; ISBN: 3871551902; DVS-Verlag GmbH; Düsseldorf; 1998

[15] J. E. Hatch: Aluminum Properties and Physical Metallurgy; ISBN: 0-87170-176-6; ASM-American Society for Metals; Ohio; 1984

[16] F. Dinkel: Umformbarkeit von Aluminium-Karosserie-Blechen mit neuartigen Oberflächen; Dr.- Ing.-Dissertation; Lehrstuhl für Umformtechnik und Gießereiwesen; Technische Universität München; 1997

[17] B. Klein: Leichtbau – Konstruktion, Aufl. 10; ISBN: 978-3-658-02271-6; Springer-Verlag; Wiesbaden; 2013

[18] H. E. Friedrich: Leichtbau in der Fahrzeugtechnik; ISBN: 978-3-8348-1467-8; Springer-Verlag; Wiesbaden; 2013

[19] F. Henning, E. Moeller: Handbuch Leichtbau, ISBN: 978-3-446-42267-4; Carl Hanser Verlag; München Wien; 2011

[20] Umweltbundesamt: CO_2-Monitoring PKW 2016; http://www.bmlfuw.gv.at/umwelt/; Wien; 2016

[21] http://www.worldautosteel.org/steel-basics/automotive-steel-definitions/

[22] adaptiert von BMW-Homepage

[23] Forschungsgesellschaft Kraftfahrwesen mbH Aachen Body Department: Communication Module Mass Reduction – fka Report 56690; Aachen; 2006

BEI GRIN MACHT SICH IHR WISSEN BEZAHLT

- Wir veröffentlichen Ihre Hausarbeit, Bachelor- und Masterarbeit

- Ihr eigenes eBook und Buch - weltweit in allen wichtigen Shops

- Verdienen Sie an jedem Verkauf

Jetzt bei www.GRIN.com hochladen und kostenlos publizieren

GRIN